2924

AF402701

COURS

DE

MÉCANIQUE ET MACHINES.

PARIS. — IMPRIMERIE DE GAUTHIER-VILLARS, RUE DE SEINE-SAINT-GERMAIN, 10, PRÈS L'INSTITUT.

COURS

DE

MÉCANIQUE ET MACHINES

PROFESSÉ

A L'ÉCOLE POLYTECHNIQUE

Par M. Edm. BOUR,

INGÉNIEUR DES MINES;

Publié par M. Phillips, Professeur de Mécanique à l'École Polytechnique,
avec la collaboration de MM. Collignon et Kretz.

DEUXIÈME FASCICULE.

STATIQUE

ET

TRAVAIL DES FORCES DANS LES MACHINES A L'ÉTAT DE MOUVEMENT UNIFORME.

ATLAS DE 8 PLANCHES, CONTENANT 106 FIGURES.

PARIS,

GAUTHIER-VILLARS, IMPRIMEUR-LIBRAIRE

DU BUREAU DES LONGITUDES, DE L'ÉCOLE IMPÉRIALE POLYTECHNIQUE,

SUCCESSEUR DE MALLET-BACHELIER,

Quai des Augustins, 55.

—

1868

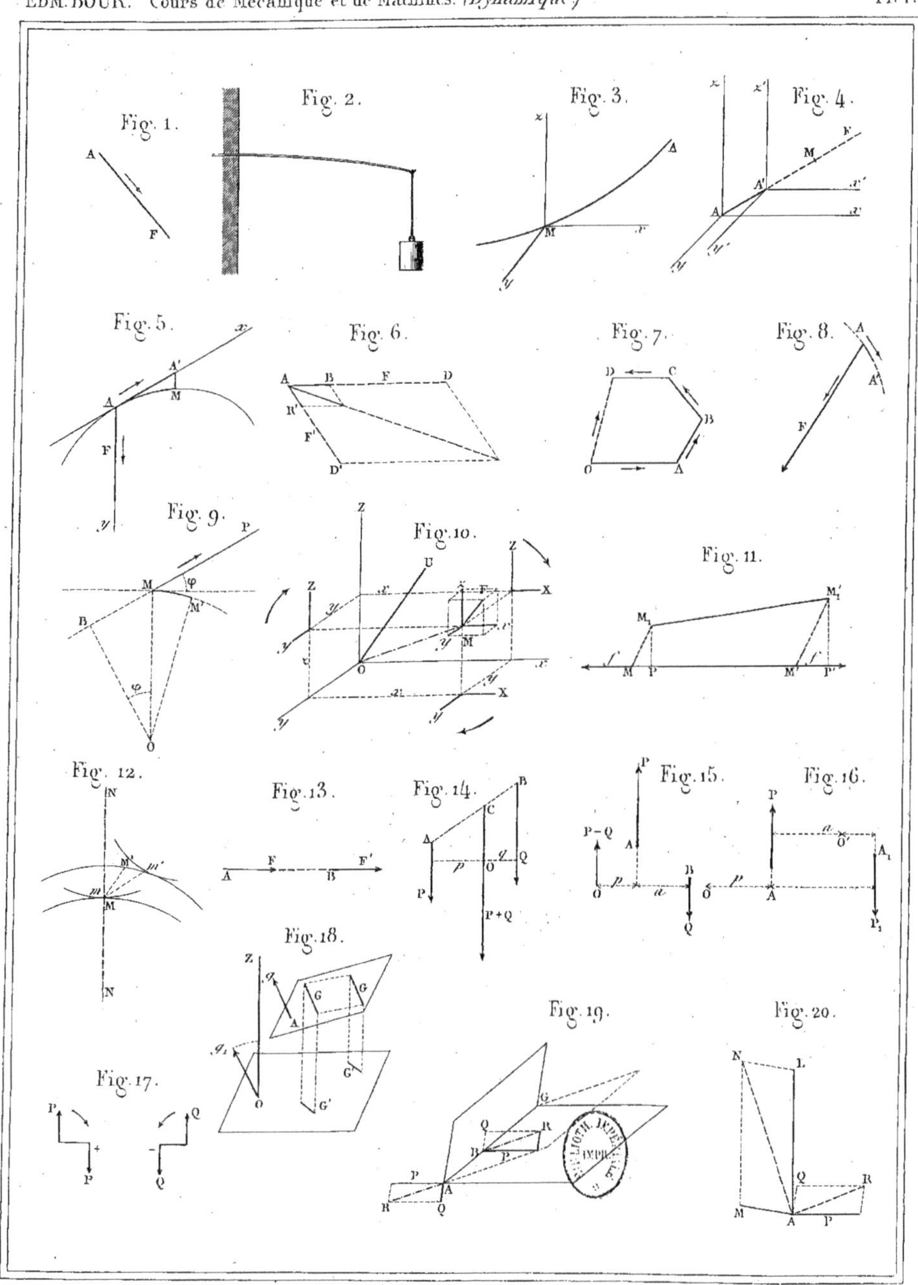

Fig. 1.
Fig. 2.
Fig. 3.
Fig. 4.
Fig. 5.
Fig. 6.
Fig. 7.
Fig. 8.
Fig. 9.
Fig. 10.
Fig. 11.
Fig. 12.
Fig. 13.
Fig. 14.
Fig. 15.
Fig. 16.
Fig. 17.
Fig. 18.
Fig. 19.
Fig. 20.

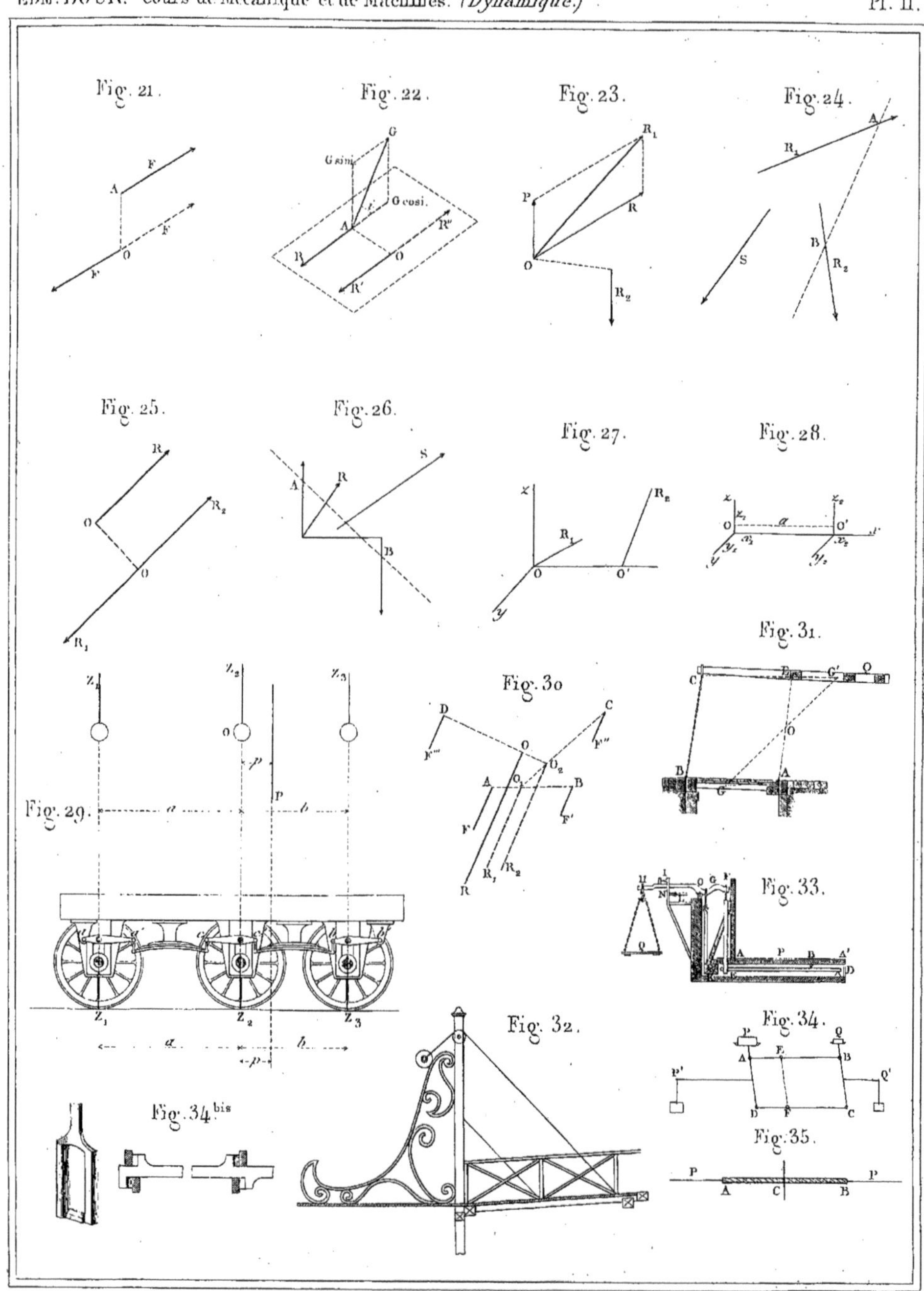

Fig. 21.
Fig. 22.
Fig. 23.
Fig. 24.
Fig. 25.
Fig. 26.
Fig. 27.
Fig. 28.
Fig. 29.
Fig. 30
Fig. 31.
Fig. 32.
Fig. 33.
Fig. 34.
Fig. 34 bis
Fig. 35.

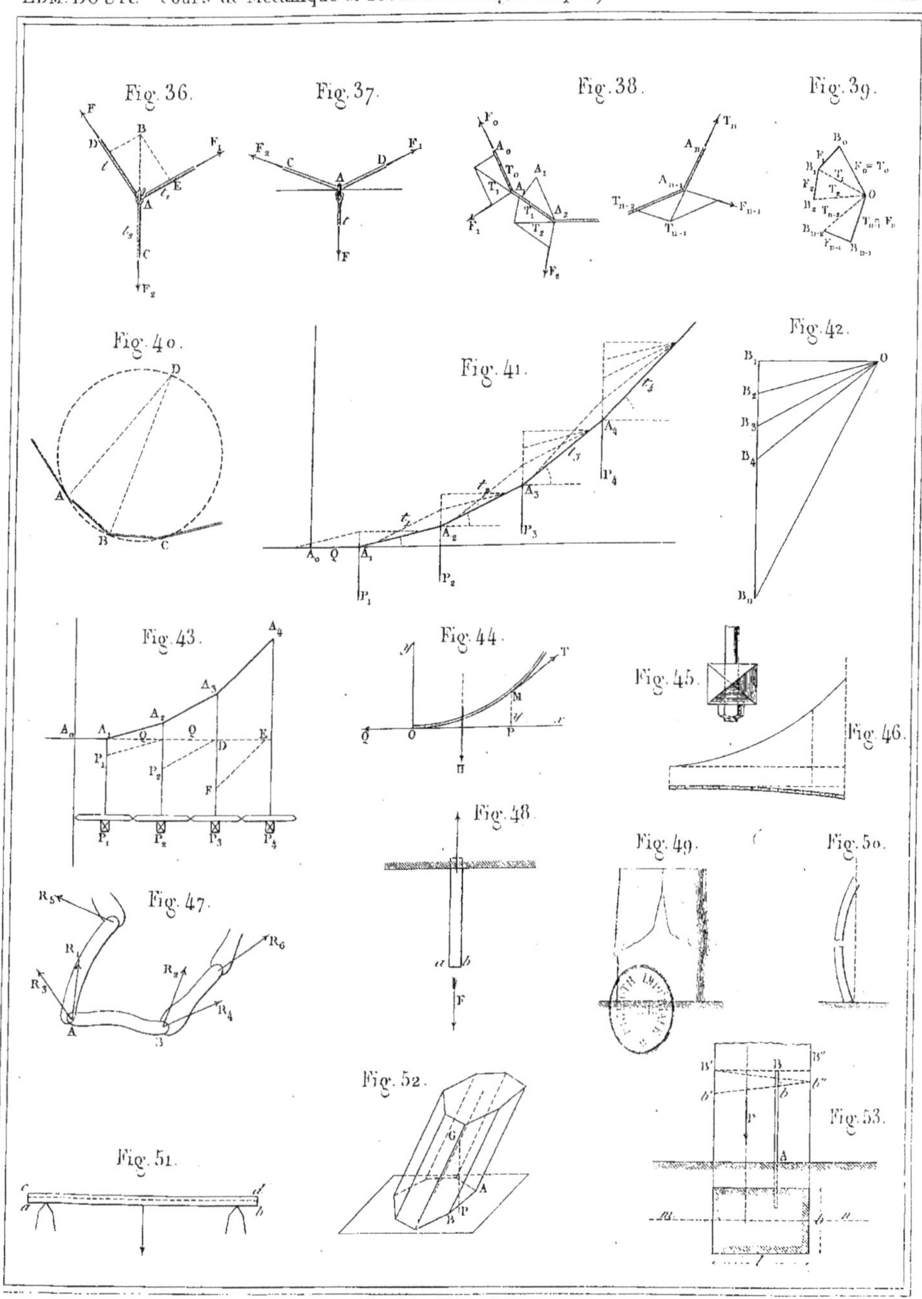

Fig. 36.
Fig. 37.
Fig. 38.
Fig. 39.
Fig. 40.
Fig. 41.
Fig. 42.
Fig. 43.
Fig. 44.
Fig. 45.
Fig. 46.
Fig. 47.
Fig. 48.
Fig. 49.
Fig. 50.
Fig. 51.
Fig. 52.
Fig. 53.

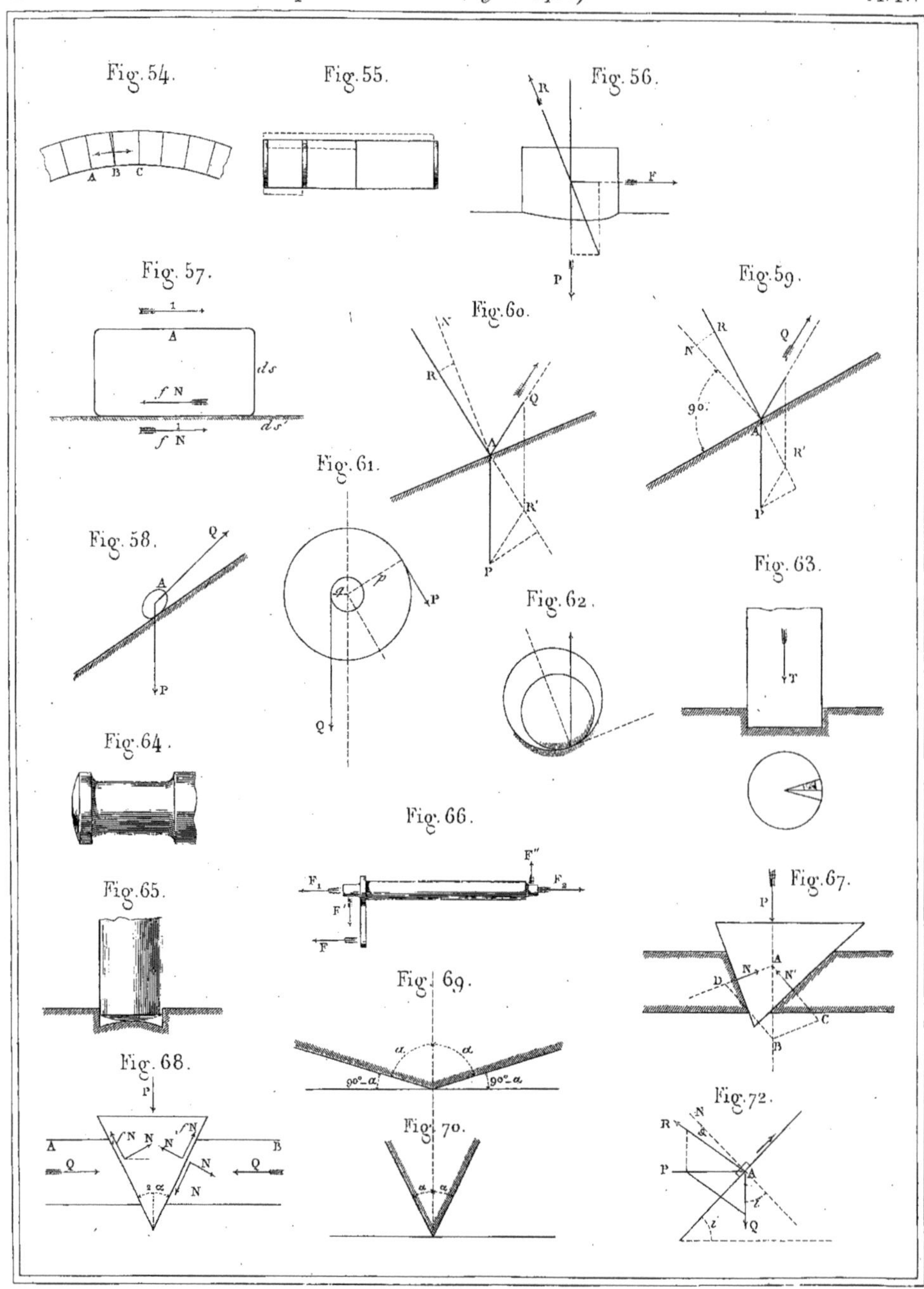

Fig. 54.
Fig. 55.
Fig. 56.
Fig. 57.
Fig. 59.
Fig. 60.
Fig. 61.
Fig. 58.
Fig. 62.
Fig. 63.
Fig. 64.
Fig. 66.
Fig. 67.
Fig. 65.
Fig. 69.
Fig. 68.
Fig. 70.
Fig. 72.

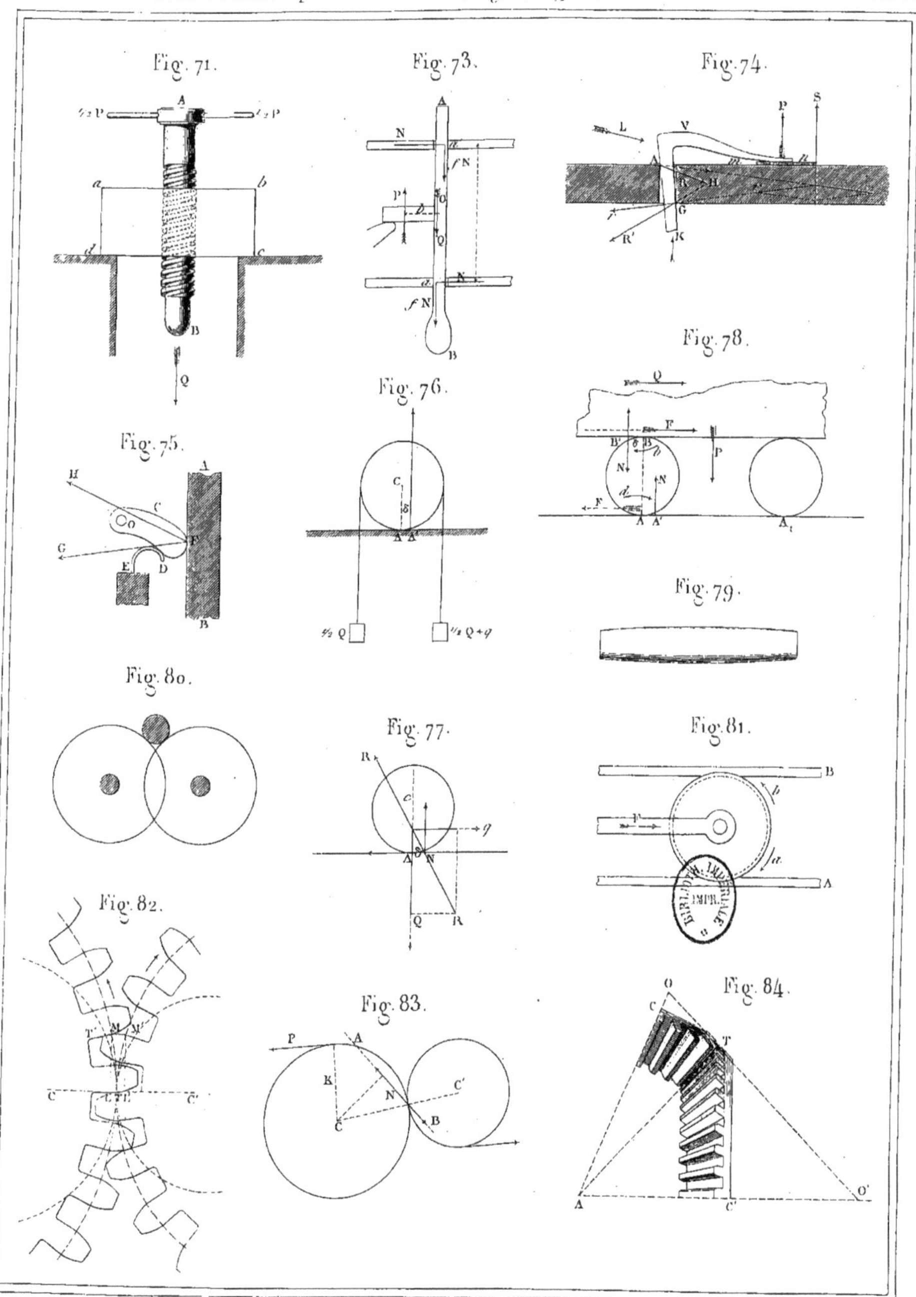
Fig. 71.
Fig. 73.
Fig. 74.
Fig. 75.
Fig. 76.
Fig. 78.
Fig. 79.
Fig. 80.
Fig. 77.
Fig. 81.
Fig. 82.
Fig. 83.
Fig. 84.

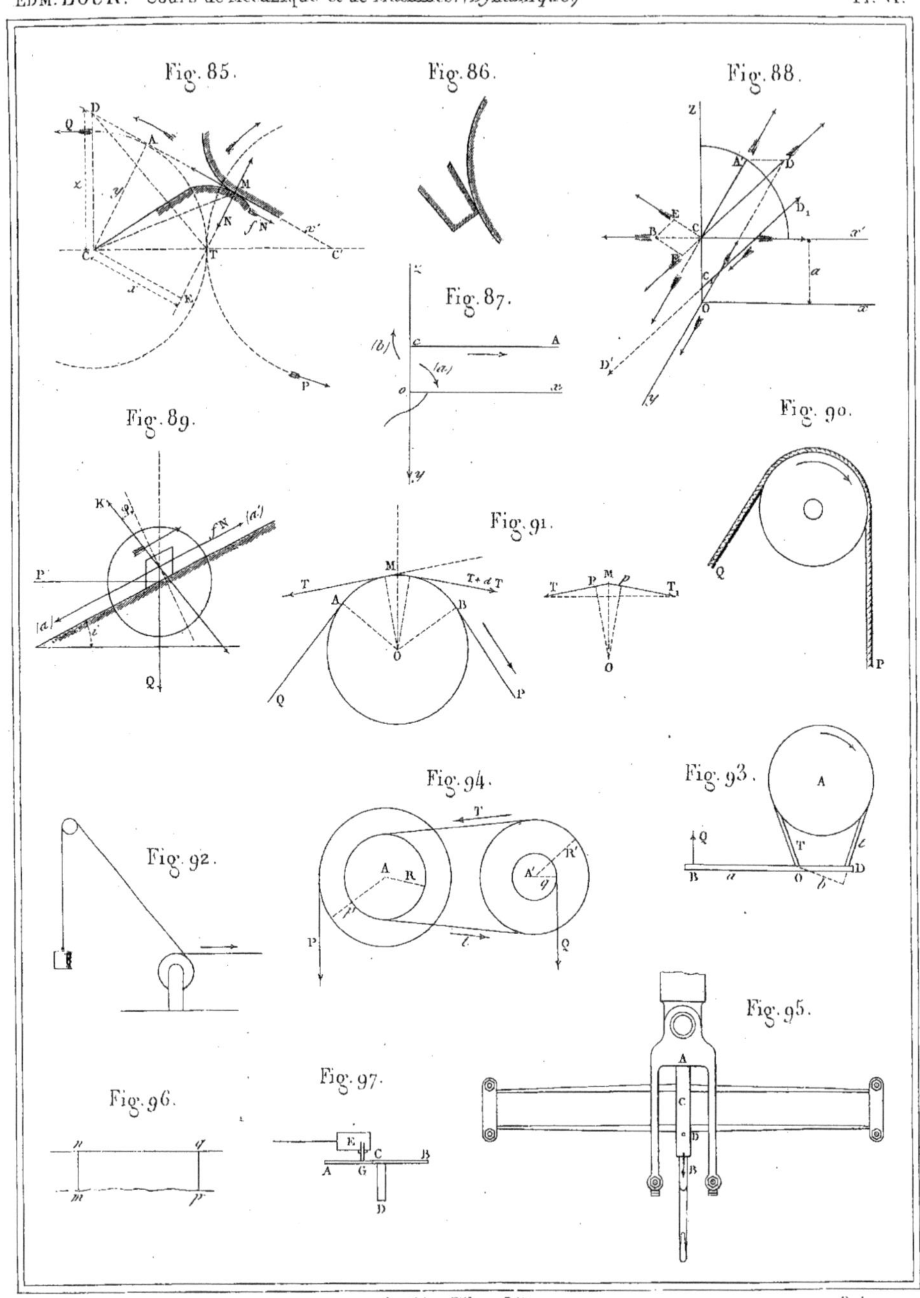

Fig. 85.
Fig. 86.
Fig. 88.
Fig. 87.
Fig. 89.
Fig. 90.
Fig. 91.
Fig. 94.
Fig. 93.
Fig. 92.
Fig. 95.
Fig. 96.
Fig. 97.

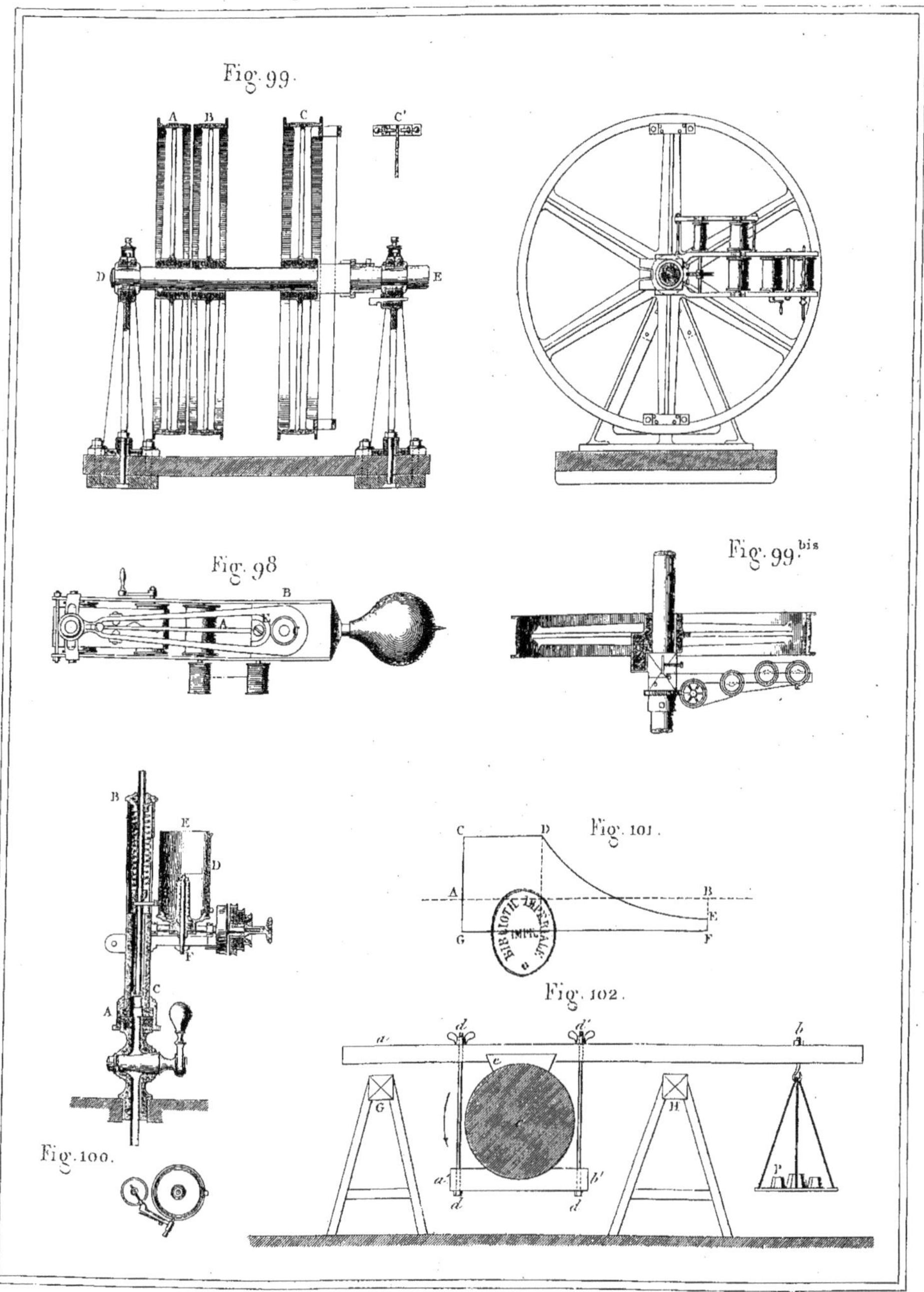
Fig. 99.
A B C C'
D E
Fig. 98
B
A
Fig. 99.bis
Fig. 100.
Fig. 101.
C D
A B
G F E
Fig. 102.
a' d d' b
c
G H
a' b'
d d
P

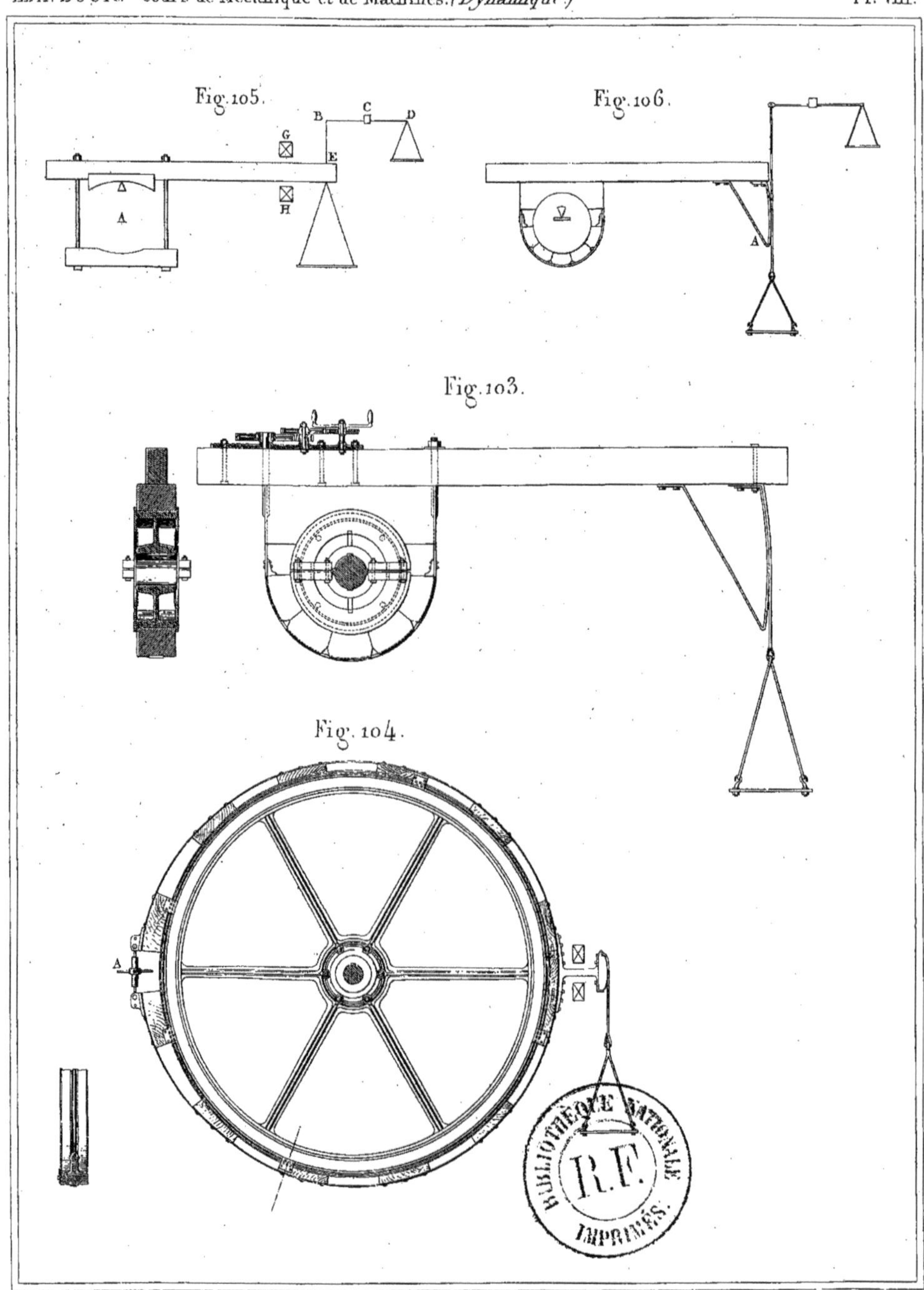
Fig. 105.
Fig. 106.
Fig. 103.
Fig. 104.

9 782013 410823